MÉLANGES

D'HISTOIRE NATURELLE

par

M. AIMÉ DE SOLAND

Président de la Société Linnéenne de Maine-et-Loire

ANGERS

IMPRIMERIE P. LACHÈSE, BELLEUVRE ET DOLBEAU

13, Chaussée Saint-Pierre.

1867

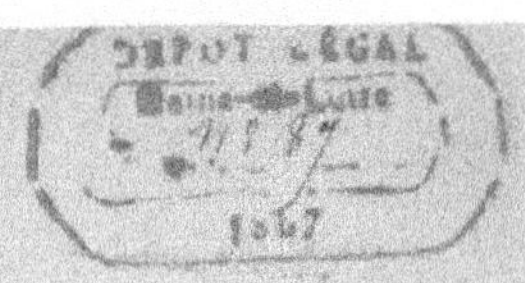

MÉLANGES

D'HISTOIRE NATURELLE

I.

TREMBLEMENTS DE TERRE.

Dans une circulaire qui nous a été adressée, se trouve cette demande :

Signaler les tremblements de terre, donner des détails sur les chutes d'aérolithes?

Pour répondre à cette double question, nous avons dû feuilleter avec soin notre vieil annaliste Bourdigné, les archives du département, les archives de la mairie d'Angers, l'histoire d'Anjou, de Barthélemy Roger, les journaux de Louvet et de Toisonnier, le consciencieux livre de Bodin, Histoire du haut et bas Anjou, ouvrage plus apprécié aujourd'hui que jamais, les Affiches d'Angers, le *Journal de Maine-et-Loire,* l'*Union de l'Ouest,* le catalogue des manuscrits de la bibliothèque de la ville d'Angers, par M. Lemarchand, etc.

Nous sommes loin d'avoir la prétention de donner une liste complète de ces phénomènes naturels et nous sommes persuadé qu'il restera sur cette matière beaucoup encore à glaner après nous. Quoi qu'il en soit, ces notes seront cependant d'une certaine utilité, car en dehors des ouvrages et journaux où elles ont été puisées, on en chercherait vainement ailleurs l'indication. Ainsi dans le grand travail de François Arago qui contient tant de précieux renseignements sur les tremblements de terre qui ont eu lieu depuis 1818 jusqu'en 1851 et sur les chutes d'aérolithes, on trouve seulement, en ce qui concerne notre province, la mention du tremblement de terre de 1822 et quelques lignes sur l'aérolithe tombé à Angers dans cette même année.

Quelqu'arides et longues qu'aient été nos recherches, nous sommes heureux d'avoir pu apporter un faible concours aux grands travaux de statistique qui sont appelés à jeter un nouveau jour sur la science.

Le tremblement de terre le plus ancien dont la date me soit connue est celui de 582, il est cité dans l'*Histoire des Francs*, de Grégoire de Tours. Livre VI, traduction Guizot.

« A Angers, dit cet historien, la terre trembla. »

Les *Chroniques de Saint-Denis* parlent aussi de ce tremblement de terre.

« En la cité d'Angiers fu croles, et grans mouvemens de terre ; li lou entrerent en la cité et mangierent les chiens ; feu fu veus par le ciel. »

584. « En Anjou, la terre trembla et beaucoup d'autres signes apparurent qui, à mon avis, annonçaient la mort de Gondebauld. » (*Grégoire de Tours.*)

« En 590, la peste et des tremblements de terre désolaient la capitale de l'Anjou. » (A Guilbert, *Histoire des villes de France,* Angers, tome III, page 452.)

895. « Tout l'ouest de la France fut agité par de grands tremblements de terre. » (*Dom Bouquet.*)

Dom Bouquet, tome XI, page 485 et tome XII, page 479, signale deux tremblements de terre, 21 mars 1082, *post vesperas ;* 21 mars 1083, *die ad occasum vergente.*

« Le 2 novembre 1091, tremblement de terre à Angers. » (*Chr. Matthias*, *Theat. hist.*)

« Le 2 août 1163, un tremblement de terre se fit sentir à Angers et à Saumur.» (*Durand et Martene.*)

1165-1166. La *Chronique de Saint-Aubin,* mentionne deux tremblements de terre à Angers, en les années 1165, 1166.

20 juin 1175, tremblement de terre. (*Breve chronicum Andegavense.*)

« Le 26 février 1208, on entendit un très-grand éclat de tonnerre, suivi d'un tremblement de terre vers le milieu de la nuit, et la veille des calendes de mars (29 février), il y eut une éclipse de soleil vers l'heure de tierce.» *Revue d'Anjou*, année 1854, première partie, tome IV, page 316. (*Chroniques de Saint-Aubin*, publiées par M. Paul Marchegay, archiviste-paléographe.)

« Le mardi-gras, tremblement de terre dans le diocèse de Poitiers, dont une partie de l'Anjou faisait partie.» (*Chronique de Guillaume de Nangis.*)

« En cest an 1441, au mois de janvier, la vigille de la feste M. sainct Julien fut à Angiers et ès environs, si véhément tremblement de terre, que l'on pensoit que la ville deust estre subvertie et abismée, dont plusieurs de la paour qu'ils eurent tomberent en divers inconvénients de maladie. » (*Histoire agrégative des Annales et Chroniques d'Anjou.*)

« Au commencement de l'année 1441, le jour de devant la fête saint Julien, il y eut à Angers un grand et prodigieux tremblement de terre. » (*Histoire d'Anjou*, par Barthélemy Roger, moine bénédictin de l'abbaye Saint-Nicolas d'Angers.)

« Tremblement de terre en la ville d'Angers et ès environs... et apparessoit le soulail, fors qu'il fist lors ung peu de bruée, laquelle tantoust après... se departist. » 14 mars 1485, N. S. (*Archives de la mairie d'Angers.*)

« Tremblement de terre, 22 mars 1487. » (*Archives de la mairie d'Angers.*)

« A la suite des grandes pluies (1522), il y eut grant tremblement de terre, dont plusieurs ne pronostiquoient que mal. » (*Histoire agrégative des Annales et Chroniques d'Anjou.*)

Le tremblement de terre qui eut lieu au mois de septembre 1524, et qui suivant l'historien Mezeray, *pensa renverser la ville d'Angers*, est indiqué par Jehan de Bourdigné dans ses Chroniques :

« Ce moys (septembre 1524) à Angiers fut grand tremblement de terre, grands éclairs et choruscations.

« Le 25e jour de mars 1588, dit le moine Roger dans son *Histoire d'Anjou*, il se fit à Angers un horrible tremblement de terre sur les dix heures du matin ; quelques-uns en furent si épouvantés qu'ils pensèrent en mourir de peur. Cela pouvoit être un présage du combat de Vimory et de la bataille d'Auneau, où le duc de Guise se vengea sur les huguenots et les reitres qui étoient venus à leur secours, de la disgrâce que les catholiques avoient soufferte à Coutras.

« Pendant la nuit, ajoute Mezeray, il y eut un tremblement de terre depuis Nantes jusqu'à Saumur, qui fit branler les maisons et bouillir la rivière de Loire. Pareille chose arriva en quelques contrées de la Normandie avec une certaine fumée, que une heure durant teignit l'air de couleur jaunâtre. »

« Par écrit, nous notons ici pour le présent et pour l'avenir que cette année le jour de l'Annonciation de la sainte Vierge, pendant que la grande messe se chantait dans les églises, tout à coup il se fit un tremblement de terre si violent que toutes les fondations et les murailles s'ébranlèrent et très-fort par l'impétuosité de vents enfermés et s'agitant dans les entrailles de la terre pour chercher une issue.

« Grande terreur et grande épouvante se répandit partout dans les foules des fidèles rassemblés dans les églises. A cette cause fut faite une procession générale le même jour jusqu'au Ronceray, au delà des ponts. Dans laquelle procession, quelles multitudes d'hommes s'y pressèrent pour rendre du fond du cœur des grâces immortelles à Jésus-Christ, notre protecteur, la langue humaine peut à peine exprimer.» (*Registre capitulaire de Saint-Laud.*)

« Le vendredy vingt-cinquième du mois de mars 1588, feste de Notre-Dame, ung peu auparavant dix heures de la matinée, lequel jour il faisoit un beau temps accompagné de la clarté du soleil, lequel estoit fort beau et ne faisoit aulcun vent durant qu'on célébroit la sainte messe, et que le peuple estoit aulx grandes messes audicts Angers, il fit un tremblement de terre qui estoit et fut si grand qu'on pensoit que tout alloit tomber et abismer, et que les églises alloient cheoir par terre, qui rendit une si grande espouvante au peuple qui estoit ès-églises, qu'on s'entretouffoit à qui sortiroit des premiers à raison du tremblement des vitres et voûtes des dites églises, mêmes que les prêtres qui estoient à célébrer la messe aulx autels, prenoient la fuite de la peur qu'ils eurent à raison du tremblement des voûtes des dites églises, desquelles il tomboit de la chaux, que d'un grand bourdonnement qui se faisoit au ciel ; lequel tremblement étoit un avertissement de la part de Dieu de s'amender et une augure de beaucoup de maulx qui sont depuis arrivés.» (*Journal ou récit véritable de tout ce qui est advenu digne de mémoire, tant en la ville d'Anjou, pays d'Angers et autres lieux, depuis l'an* 1560 *jusqu'à l'an* 1674, *par Jean Louvet, clerc au greffe civil du siége présidial dudit Angers*. Manuscrit de la bibliothèque de la ville d'Angers.)

«Le 25 mars 1588, jour de l'Annonciation, un tremblement de terre se fit sentir à six heures du matin. Il sépara le mur de l'église d'Érigné du côté du nord ; plusieurs maisons proche l'église eurent beaucoup à souffrir du tremblement de terre ; les habitants de la paroisse furent consternés et crurent que la fin du monde était arrivée. » (*Registres de la fabrique d'Érigné*, déposés à la mairie de Mûrs.)

« Le vendredy, dernier jour du mois de mai 1591, environ les trois heures après minuit, il a fait un grand tremblement de terre, avec un long bourdonnement en l'air qui a duré longtemps. » (*Journal de Louvet.*)

« Le vendredy vingt décembre 1591, environ les sept à huit heures du matin, il a fait un grand tremblement de terre. » (*Journal de Louvet.*)

«Le jeudi, huictième jour du mois d'avril 1593, vigile de la fête de Notre-Dame-de-Pitié, sur les huit heures et demye du soir, il a faict un grand et épouvantable tremblement de terre, lequel a duré fort longtemps, et pensoit-on que les bâtiments et édifices de la ville d'Angers alloient tomber, qui auroit occasionné les habitants sortir de leurs maisons dans les rues, tous épouvantez, lesquels seroient couruz aux Augustins et à Notre-Dame-des-Quarmes pour louer et prier Dieu les conserver et garder dudict tremblement, lequel peu après étant cessé, auroit encore continué par deux fois avec ung bourdonnement en l'air, qui n'estoient si grands que le premier, qui estoient des advertissements de Dieu à l'endroit de son peuple de s'amender et faire pénitence. » (*Histoire d'Anjou*, par Barthélemy Roger, moine bénédictin de l'abbaye de Saint-Nicolas d'Angers.)

M. Lemarchand, bibliothécaire de la ville d'Angers, a relevé l'indication de deux tremblements de terre (1588, 1593) sur les feuilles de garde d'un manuscrit de la Bibliothèque d'Angers (*Collectarium*).

« 1593, 8 avril, tremblement de terre. » (*Archives de la mairie de Saumur.*)

« Le dimanche, dixième de novembre 1596, environ les cinq heures du matin, la terre a tremblé. » (*Journal de Louvet.*)

« Le lundy, vingt-cinquième du mois de may 1608, et le mardy en suivant, la terre a tremblé fort longuement. (*Journal de Louvet.*) Comme aussi elle a de rechef tremblé la nuict d'entre le mercredy, quatrième jour de septembre, audict an, et le jeudy en suivant, et a faict un grand bruit en l'air à raison de ce. » (*Journal de Louvet.*)

« Le vendredy, seizième jour de janvier mil six cent neuf, la nuit d'entre le jour d'hier et ce dict jour environ, les trois heures après minuit, il a faict un grand tremblement de terre. » (*Journal de Louvet.*)

« Le dimanche, onzième jour du mois d'aoust 1619, en les onze heures, il a faict un grand tremblement de terre, le temps estant beau et calme. » (*Journal de Louvet.*)

« Le dimanche 1628, en l'heure d'une heure après-midy, il a faict un grand tremblement de terre. » (*Journal de Louvet.*)

« Le 27 d'aoust l'an 1628, environ les deux heures de relevée, le temps estant très-beau et serein, arriva à Angers un tremblement de terre, qui redoubla perceptiblement, comme quand on oit de loing, entre deux airs, des coups de canon. Cela fut apperceu de tout le monde et par ceux qui estoient dans les maisons, par les vitres principalement et branslement de chambres et ustensiles. » (*Archives de la mairie d'Angers.*)

« En 1663, la nuit d'entre le 12 et 13 janvier, fête du nom de Jésus, il y eut un horrible tremblement de terre à Angers et aux environs. » (*Histoire d'Anjou,* par Barthélemy Roger.)

« Le 14 janvier 1663, à une heure après minuit, grand tremblement de terre. » (*Registres de la paroisse du Plessis-Grammoire.*)

Voici comment Mme de Maintenon, dans une de ses lettres à la princesse des Ursins, en date du 18 octobre 1711, parle du tremblement de terre de cette année :

« Il y a eu, dit-elle, un terrible tremblement de terre à Saumur. Je ne sais point précisément le jour : il a duré quatre jours avec un bruit épouvantable et souterrain, comme des vents et des cris. Des cloches ont tombé avec des cheminées. On ne dit point qu'il y ait eu quelqu'un de tué. » (*Recherches historiques sur l'Anjou,* t. II, p. 512, édition Cosnier et Lachèse.)

« En avril 1751, on ressentit une secousse à Angers; Nantes en avait éprouvé une le 15 février de la même année, et une seconde commotion souterraine avait ébranlé, le 30 mars, les bords de la Loire inférieure. *Ufern der untern Loire,* » (V, *Hoffs' Chronik.*)

En 1755, lors du fameux tremblement de terre du 1er novembre, toute l'Europe fut ébranlée par les secousses formidables qui détruisirent Lisbonne. La Gascogne, la Saintonge, le Poitou, la Bretagne, la Normandie, ne furent pas épargnés, mais aucune citation que je connaisse ne se rapporte à l'Anjou.

« Le 30 décembre 1775, vers dix heures quarante-cinq minutes du matin, un tremblement de terre se fit sentir à Toulouse jusqu'au Havre. A Segré, on remarqua qu'il fit bouillonner les ruisseaux qui coulaient du sud-est au nord-est; les villages des vallées qui n'étaient pas dominées par des montagnes au sud-est n'ont presque rien ressenti. » (*Notes de l'ingénieur Perrey.*)

« Le 18 juin 1683, il y eut un tremblement de terre sur les onze heures du soir. » (*Étienne Toisonnier, journal de ce qui s'est passé de plus remarquable à Angers,* 1683-1714, manuscrit de la Bibliothèque d'Angers.)

« Le 5 février 1798, entre quatre heures et quatre heures et demie du matin, on éprouva un tremblement de terre à Angers : il y eut deux violentes secousses de la durée de plusieurs secondes chacune, les maisons furent vivement ébranlées ; et, réveillés par les brusques mouvements qui eurent lieu, les enfants et les femmes en furent singulièrement effrayés. » (Nicaise-Augustin Desvaux, *Statistique de Maine-et-Loire.*)

« A sept heures cinquante-huit minutes du matin, le 31 août 1810, une forte secousse, accompagnée d'un bruit pareil à celui d'une grosse voiture chargée se mouvant rapidement, en Vendée : elle a duré trois à quatre secondes. Le même jour, météores remarquables.

« Le 13 novembre 1817, deux heures du matin, à Longué, près de Saumur, une secousse assez forte. » (*Notes de l'ingénieur Perrey.*)

« Le 31 mai 1822, huit heures du matin, à Cognac, Angers, Tours, Bourbon-Vendée, Laval, Nantes et Paris. La secousse a été assez forte dans les trois premières villes, personne ne paraît l'avoir ressentie à Paris ; mais les mouvements dont fut subitement agitée à la même heure une aiguille aimantée suspendue à un fil et à l'aide de laquelle on observait les variations diurnes, me firent soupçonner sur-le-champ qu'un tremblement de terre venait d'avoir lieu : les journaux confirmèrent plus tard cette conjecture. La direction de la secousse a dû être à peu près perpendiculaire au méridien magnétique. » (François Arago, *Tremblements de terre*, t. XII.)

Desvaux, dans sa *Statistique*, mentionne trois tremblements de terre de 1819 à 1834 :

« Le sol de Maine-et-Loire, dit-il, est rarement soulevé par des tremblements de terre ; car, dans une période de quatorze années, de 1819 à 1834, il n'y en a eu, à notre connaissance, que trois ; celui de 1830 n'a pas même été remarqué, bien qu'il ait été très-fort, mais, à la vérité, à une heure de la nuit où peu de personnes veillent. »

« Le 13 mai 1836, vers cinq heures du matin, à Angers, plusieurs secousses précédées d'un bruit sourd ; dans beaucoup de maisons, des meubles et des fenêtres ont été violemment agités. A la même heure, léger tremblement à Nantes, plus fort à Parthenay ; il y a produit ce phénomène remarquable que plusieurs personnes couchées et endormies ont été réveillées par une commotion pareille à celle que produit une machine électrique et se sont assez longtemps ressenties d'un malaise. » (*Notes de l'ingénieur Perrey.*)

« 6 mars 1858, tremblement de terre à Beaupreau. » (*Journal de Maine-et-Loire.*)

« Le 14 septembre 1866, vers cinq heures du matin, on a ressenti à Angers plusieurs secousses de tremblement de terre qui ont duré quelques secondes. Le mouvement de trépidation a été surtout fort sensible sur le quai de la Maine et dans les quartiers situés sur le versant occidental. On a constaté dans plusieurs maisons que la vaisselle s'entrechoquait et que les vitres tremblaient, comme sous l'influence d'une forte détonation.

« Du reste, la secousse s'est fait sentir sur les deux rives de la Maine, et à la même heure exactement, au tertre Saint-Laurent, dans le faubourg Saint-Michel, et sur la route de Paris, dans un rayon fort étendu.

« On nous signale un phénomène tout semblable qui se serait produit à Seiches, à 20 kilomètres nord-est d'Angers, mais à une heure un peu différente, quelques minutes après. Si cette différence est constatée, elle suffirait pour indiquer la direction du mouvement. » (*L'Union de l'Ouest*).

II

AÉROLITHES TOMBÉS EN ANJOU.

On lit dans le *Journal de Louvet*, année 1617 :

« *Cheuttes de pierres.* — Le dimanche, douzième jour de febvrier, il a tombé au lieu de la Pierre-Couverte, paroisse de Rou, entre Saulmur et Douay, grand nombre et quantité de pierres blanches assez dures, qui gravent et entrent dans du verre, dont y en a qui sont longues comme fers d'aiguillettes de même longueur et aultres plus petites et plus grosses, semblables à du cristal de roche.

Auculnes desquelles on jugeroit avoir esté taillées à pans et à facettes tant par le bout qu'au long d'icelles, lesquelles sont tombées et cheuttées du ciel, mêlées avec de grosse pluye en sy grande abondance, qu'il en a esté amassé à pleines poches et dans des chappeaux, ainsi que M. de la Saullaye-Jouet, procureur du roy au siége présidial d'Angiers a fait apparoir par une lettre qui lui a esté escripte par M. de Villebois, lequel assure estre une chose véritable, et lui a mesme envoyé desdites pierres pour les montrer à ung lapidaire, lequel sieur procureur du roy en a donné à plusieurs gens d'honneur et de qualité. »

Le 3 juin 1822, un aérolithe tomba, sur les huit heures du soir, à Angers, faubourg Gauvin, près l'hôtel de la Tête-Noire. Un fragment de cet aérolithe, ayant 8 centimètres de diamètre, a été déposé dans la galerie de minéralogie du cabinet d'histoire naturelle, par M. Paulmier, adjoint au maire d'Angers.

C'est à tort qu'on a indiqué un autre aérolithe, qui se trouve également au Musée d'Angers, comme étant tombé dans notre province. C'est dans la ville de l'Aigle, département de l'Orne, qu'il est tombé le 26 avril 1803.

III

NOTE SUR UNE COULEUVRE A COLLIER.

M. Raoul de Baracé, à qui la faune de Maine-et-Loire est redevable de tant de curieuses découvertes, a présenté à la séance de la Société linnéenne du 27 décembre 1866 un ophidien d'un noir de velours, capturé par lui au mois de septembre dernier.

Dans un rapport contenant d'intéressants renseignements, notre excellent collègue nous donnait des détails très-circonstanciés sur des serpents noirs qu'il avait observés dans un rayon de quarante kilomètres sur les communes de Bécon, Gené et Vern (Maine-et-Loire).

Plusieurs personnes nous avaient maintes fois parlé des serpents noirs qu'elles avaient vus sur divers points de notre département, mais jamais nous n'avions été à même de faire des recherches sur des ophidiens de cette couleur.

L'alcool dans lequel avait été plongé l'animal soumis à notre examen étant trop fort, il était résulté de cette immersion que la robe du reptile en avait été un peu altérée. Mais les indications fournies par M. de Baracé avaient suppléé à ce qui aurait pu, peut-être, nous arrêter dans l'étude, que nous avions l'intention d'en faire.

« Sa couleur noire à reflets violets, nous disait M. Raoul de Baracé, ressemblait à l'aile d'un freux; quelques taches jaunes et rousses paraissaient sur les bords des mandibules. »

Après avoir à grand'peine extrait le reptile du vase qui le renfermait, nous avons pris ses dimensions, examiné sa mâchoire, son cou et l'ensemble de son corps, nous n'avons pas hésité un seul instant à reconnaître, que nous avions sous les yeux une magnifique couleuvre à collier (*Tropidonotus natrix* Schleg.) atteinte du mélanisme le plus complet. A l'aide d'une loupe, nous avons facilement pu distinguer les traces du collier jaune qui caractérise l'espèce dont nous parlons.

M. l'abbé Guillet, membre de la Société Linnéenne, ancien professeur d'histoire naturelle, nous a envoyé une magnifique couleuvre noire, que je crois appartenir à la même espèce que celle de M. Raoul de Baracé. Cette couleuvre a été trouvée aux environs de Combrée.

Pour avoir des documents précis sur les serpents noirs, et surtout sur le mélanisme dont sont atteints les reptiles, nous nous sommes adressé à l'homme de France le plus compétent en erpétologie, à M. A. Duméril, professeur-administrateur au Muséum d'histoire naturelle, vice-président de la Société d'acclimatation de Paris et membre de notre association, qui nous a fait parvenir la lettre suivante :

Paris, le 24 janvier 1867.

« Monsieur le président et très-honoré collègue,

« J'ai reçu la lettre par laquelle en m'envoyant l'ordre du jour de la séance que la Société linnéenne de Maine-et-Loire doit tenir le 25, vous m'adressez, au nom de la savante compagnie, une question d'erpétologie.

« Vous m'informez que M. Raoul de Baracé a présenté à la Société une couleuvre entièrement noire, qui est le quatrième individu de la même espèce rencontré par notre collègue dans un rayon de dix lieues. Vous me demandez si j'ai connaissance de couleuvres offrant une teinte noire.

« A la Guadeloupe et à la Jamaïque, on trouve une couleuvre dite *Dromicus ater* Jan, ou *Natrix atra*, Gosse, et dont le nom indique la particularité; mais en Europe il n'y a pas, que je sache, de serpents dont le système de coloration normal soit noir. Néanmoins, on trouve en France et dans les diverses contrées de l'Europe, ainsi que dans d'autres parties du monde, des serpents offrant l'altération des couleurs désignée sous la dénomination de mélanisme. La ménagerie des reptiles, au Muséum d'histoire naturelle, en a plusieurs fois fourni la preuve. Ainsi, elle a reçu une couleuvre à collier (*Tropidonotus natrix* Schleg.) dont le collier jaune avait disparu et dont la teinte verte était remplacée par une teinte noire avec laquelle se confondait celle des taches du dos [1].

« Un autre individu, mais beaucoup plus noir, figure depuis bien des années dans les galeries d'erpétologie où il a été envoyé de Norwége.

« Un autre Tropidonote étranger à la France, et qui se trouve surtout dans la Russie méridionale (*Tropidon. hydrus* Dum., Bib.), peut subir la même modification que notre couleuvre à collier.

« Un sujet entièrement noir a séjourné pendant quelque temps à la ménagerie. Il avait été pris dans l'île de la mer Noire située en face des bouches du Danube et dite Ile des Serpents.

« La ménagerie a reçu de Sicile un exemplaire complétement noir en dessus, avec le ventre verdâtre de la couleuvre à formes élancées, qui est très-rare dans l'Anjou, dite la Verte et jaune (*Zamenis viridi-flavus*, Wagl.) dont l'élégante livrée consiste d'ordinaire en un

[1] La couleuvre à collier dont parle M. Auguste Duméril a les plus grandes analogies avec celle de M. Raoul de Baracé. A. de S.

abondant piqueté jaune sur un fond d'un vert clair[1]. Un autre spécimen, identique à ce dernier, fait partie des collections rapportées de Sicile, il y a plus de trente ans, par Bibron.

« Des espèces que je viens de signaler, il faut rapprocher comme pouvant offrir une anomalie semblable, deux serpents non venimeux : 1° une couleuvre de la Guadeloupe qui, chez certains individus, au lieu de conserver les caractères d'où a été tiré le nom de Serpent demi-deuil (*Dromicus leuco-melas*, Dum., Bib.), revêt une robe complétement noire ; les sujets, ainsi modifiés, constituent une variété distincte ; 2° un grand serpent colubriforme du Mexique, à queue noire (*Spilotes melanurus*, Dum., Bib.), est quelquefois, comme on l'a vu à la ménagerie, noir sur toutes les régions du corps.

[1] La couleuvre verte jaune (*Zamenis viridi-flavus* Wagl.), si commune dans tout le Poitou est extrêmement rare en Anjou, plusieurs naturalistes prétendent même qu'elle n'habite pas notre province.

Jamais elle n'a été rencontrée dans les localités citées par M. Pierre Millet dans son *Indicateur*. (Voir à ce sujet notre étude sur les Ophidiens de Maine et Loire, tome VIII, page 148, *Annales de la Société Linnéenne de Maine et Loire.*)

Pendant longtemps, les Poitevins regardèrent la couleuvre verte et jaune, cet inoffensif Ophidien, comme très dangereuse ; ils l'appelaient la vipère verte et jaune. En 1776 il fut publié dans les *Affiches du Poitou*, un remède contre sa morsure :

« REMÈDE CONTRE LA MORSURE DE LA VIPÈRE VERTE ET JAUNE.

« Ce remède consiste à faire prendre, le plus tôt possible, à la personne mordue par une vipère verte jaune, un verre de vin dans lequel on ajoute douze gouttes *d'Eau de Luce ;* on frotte aussi la partie avec le même mélange proportionné ; trois heures après on réitère cette potion et ce pansement. On le renouvelle jusqu'à la guérison qui est assurée, d'après plusieurs succès en différents temps, sur différentes personnes, qui ne permettent plus de douter de l'efficacité de ce remède. Aussi, on conseille à tout le monde d'avoir en sa maison, ou sur soi, un flacon d'Eau de Luce. Les apothicaires la savent faire ; la couleur est laiteuse, elle a l'odeur d'urine vive et pénétrante ; elle est insupportable en la présentant sous le nez. On prévient qu'il faut la plus grande diligence pour administrer efficacement ce remède ; le moindre retardement occasionne des progrès funestes et des accidents, qui obligent de faire des scarifications à la partie mordue. » A. de S.

« Enfin, un Trigonocéphale des États-Unis (*Trigonocephalus piscivorus*, Lacépède) est aussi quelquefois presque noir, et un sujet longtemps conservé à la ménagerie y était désigné sous le nom de Trigonocéphale noir.

« Voilà, monsieur le Président, les exemples de mélanisme que je puis vous citer.

« Il ne serait pas sans intérêt de rapprocher de l'anomalie dont il s'agit, celle tout opposée et moins rare dans le règne animal, dite albinisme, que présentent quelquefois les reptiles et les batraciens. J'ai pu faire dessiner, d'après des individus conservés en captivité à la ménagerie, une grenouille verte (*Rana viridis*, Rœsel, seu *esculenta*, Linn.) et un triton à crête (*Triton cristatus*, Laurenti) qui, sans être devenus complétement blancs, avaient cependant tout à fait perdu leurs couleurs ordinaires et avaient pris une teinte jaune claire[1]. Une jeune couleuvre à collier, également dessinée pendant la vie, était d'un blanc jaunâtre, et le collier, ainsi que les taches du dos, étaient d'un roux clair tranchant faiblement sur le fond général. Enfin, le Jardin zoologique d'acclimatation, il y a deux ans, et la ménagerie du Muséum tout récemment, ont reçu du Mexique un Axolotl absolument blanc, ce qui semble d'autant plus frappant, que ces sortes de tritons à houppes branchiales flottantes, sont ordinairement très-foncés et presque noirs.

« Tous les animaux décolorés que je viens de nommer offraient le caractère essentiel propre aux albinos. Le fond de l'œil était également décoloré et paraissait rouge.

« Daignez agréer, etc.

« A. Duméril. »

[1] J'ai constaté, au mois d'août 1866, dans une mare près les Châtelliers, commune de Mûrs, l'habitat d'un triton à crête, identique à celui cité par notre savant collègue, malheureusement je n'ai pu m'en rendre maître. (A. de S.)

IV

NOTE SUR LE ROSA MACRANTHA.

Le 6 juin 1866, herborisant sur le territoire de la commune de Saint-Sylvain, partie limitrophe de celle de Saint-Barthélemy, je vis, dans une haie protégée par un large fossé des attaques des animaux, un magnifique buisson de roses très-abondantes, aux feuilles larges, épaisses, glabres, d'un vert foncé, à cinq ou sept folioles ovales un peu arrondies, inégalement dentées ; les pétioles, les bractées et les sépales étaient velus, glanduleux, les pédoncules hispides, les calicinaux ovales glabres. Je remarquai que les pétales grands et ronds présentaient une échancrure; quant aux styles, je les trouvai courts et velus, la fleur était en corymbe.

Tels furent les principaux caractères que je consignai sur mes notes avant de placer cette rose dans mon herbier. Quel était son nom, je l'ignorais complétement : ma collection botanique, riche en roses, ne m'offrait aucune plante que j'aurais pu lui comparer. A bout de recherches, j'eus l'heureuse pensée de m'adresser au maître, à notre collègue, M. Decaisne, vice-président de l'Institut, professeur de culture au Muséum d'histoire naturelle de Paris, qu'on est sûr de rencontrer, là où il y a un bon conseil à donner, et qui s'empresse toujours de tendre la main, à ceux qui veulent gravir les premières hauteurs de la région scientifique dont il occupe le sommet.

M. Decaisne, reçut quelques jours après mon herborisation, un fascicule renfermant les plus beaux spécimens de la plante en question.

M. Decaisne, consulta d'abord les grandes collections mises à sa disposition, et n'y trouvant pas les renseignements qu'il cherchait, il eut recours aux livres et arriva ainsi à donner une détermination très-exacte de la rose que je lui avais soumise.

Voici la lettre que M. Decaisne m'adressait en date du 20 juillet 1866 :

« Cher monsieur,

« J'ai fini par où j'aurais dû commencer ; vous auriez ainsi depuis plusieurs jours le nom de votre belle rose. Après avoir fouillé inutilement nos herbiers parisiens, je me suis avisé de la chercher dans les livres ; alors en ouvrant la *Flore* de Grenier, je tombe juste sur une espèce dont les caractères s'appliquent merveilleusement à vos échantillons, jugez-en par vous-même. Voici la description de l'espèce :

« *Rosa macrantha*, Desp., Fl. Sarthe, p. 77.

« Pédoncules ordinairement en corymbe, divisions du calyce « grandes, pinnatiséqués, à division et appendice terminal lancéo- « lés. Styles courts, fruit ovoïde, ordinairement glabre. Feuilles à « folioles ovales aiguës, subcordiformes à la base, très-luisantes en « dessus, d'un vert un peu plus pâle et mat en dessous, dentées dans « tout leur pourtour. Dents lancéolées aiguës, ciliées, glanduleuses « au moins à la base. Tiges élevées (environ 2 mètres). Aiguillons « nombreux, forts, mais à base étroite, recourbés, entremêlés de « soies glanduleuses sur les rameaux fleuris. — Hab. la Flèche. — « Juin (Desportes). » — Gren. et Godr., *Flore de France*, vol. I, p. 553.

« Comme le département de la Sarthe est limitrophe du vôtre, je n'hésite pas à considérer votre espèce comme identique avec celle que Desportes a décrite dans sa *Flore*.

« Veuillez croire, Monsieur et cher collègue, à mes meilleurs sentiments

« Decaisne. »

Dans son supplément à la *Flore de Maine-et-Loire,* avril 1850, M. le docteur Guépin dit en parlant du *Rosa macrantha* (rose à grandes fleurs) :

« Cette belle espèce dont j'ai donné la description, page 358 [1], a été trouvée, *m'assure-t-on,* autour d'Angers. »

Cette indication est un peu vague, et je suis en mesure aujourd'hui de désigner une localité.

Le *Rosa macrantha* doit être bien rare; car, comment eût-il pu échapper aux nombreuses investigations des Desvaux et des Guépin? Je ne doute pas que cette observation botanique, due au hasard, ne se reproduise sur d'autres points de notre département, par exemple, dans la région appelée la Vendée militaire, c'est-à-dire de la Roche-d'Érigné à Gesté.

Grenier et Godron (*Flore française,* t. I, p. 553) citent pour toute localité la Flèche.

Desportes, du Mans, en 1828, a enrichi la flore de la Sarthe de cette belle espèce qui avait été trouvée par M. Goupil à la Flèche.

J'ai reçu de cette localité plusieurs prétendus échantillons du *Rosa macrantha*, mais qui n'ont pas de rapport avec la description de Desportes. Cette plante est peu connue et a donné lieu à bien des méprises. Nous nous empressons d'offrir au Muséum d'histoire naturelle de Paris deux pieds vivants du *Rosa macrantha*. Placés dans l'École botanique, ils pourront servir de type aux naturalistes qui s'occupent de l'étude si difficile des roses.

[1] Voici les caractères que donne du *Rosa macrantha* le docteur Guépin, dans la troisième édition de son excellente Flore, page 358 :

Le *R. macrantha* Desportes, Fl. de la Sarthe, page 77, offre des feuilles coriaces épaisses, d'un vert foncé, longues de 6 centimètres, ovales arrondies, inégalement dentées, glabres sur les deux faces, excepté sur la nervure médiane, qui est velue glanduleuse, ainsi que les pétioles et les bractées. Fleurs en corymbe, à pédoncules hérissés de poils glanduleux, calice ovoïde, glabre, pétales très grands, d'un rose vif. Cette espèce qui croît sur nos limites, *à La Flèche*, me paraît très-remarquable ; elle m'a été envoyée par l'inventeur, M. Goupil, botaniste très-instruit.

V

NOTE SUR LE *Bambusa mitis*, Poir. — SON ACCLIMATATION EN ANJOU.

Le genre *Bambusa*, de la famille des graminées, se compose d'une douzaine d'espèces presque toutes gigantesques, originaires de l'Inde ou des grandes îles de la Sonde.

Rien de plus merveilleux que les touffes du bambou dont les tiges élancées s'élèvent quelquefois à une hauteur de 20 et même 25 mètres. Ce végétal, à la fois élégant et majestueux, imprime, ainsi que l'ont remarqué la plupart des voyageurs, un cachet, un aspect tout particulier aux paysages des régions tropicales. Ses tiges sont simples, mais de leurs nœuds naissent souvent un très-grand nombre de petits rameaux verticillés, chargés de feuilles nombreuses. Celles-ci, souvent fort grandes, sont d'un vert clair et agréable, les fleurs forment des espèces de panicules interrompues et ramifiées.

Depuis plusieurs années, on s'occupe, sur divers points de la France, de l'acclimatation du bambou.

C'est de l'Afrique, d'Alger, du jardin du Hamma, dirigé avec une intelligence digne de tous éloges par M. Hardy, que sont sorties les premières espèces du bambou livrées à la culture.

Parmi celles qui sont destinées à un bel avenir, nous citerons le bambou de Montigny (*Bambusa mitis* Poir.). Le nom de Montigny a été donné à cette graminée, parce que c'est à M. de Montigny, notre consul général en Chine, qu'on doit son introduction. Quant au nom de *mitis* (doux), il le doit à ses jeunes pousses très-tendres, qui sont excellentes à manger. Les tiges souterraines du *Bambusa mitis* s'avancent sous le sol à 4 mètres environ. De la tige nerveuse, il en sort au printemps de nouvelles tiges appelées *turions*, que les Chinois consomment, comme nous les *turions* d'asperges. Pour les conserver pendant l'hiver, les Chinois les font sécher à l'étuve, et, lorsqu'ils veulent les manger, ils les ramollissent avec de l'eau tiède.

Le premier horticulteur français, qui essaya de livrer à la pleine terre cette précieuse graminée, fut notre collègue, M. André Leroy, à qui la botanique appliquée est redevable de tant d'heureux résultats. C'est dans son vaste établissement de la Croix-Montaillé, qu'il la planta au mois d'avril 1860, en ayant soin de placer les racines jusqu'à la surface du sol, comme on doit toujours le faire pour les plantes traçantes. Le terreau dans lequel fut mis le *Bambusa mitis*, se composait d'un tiers de sable, d'un tiers de fumier et d'un tiers de terre végétale.

Un autre de nos collègues, M. le docteur Turrel, avait reçu à la même époque, et par le même intermédiaire, M. Hardy, d'Alger, quelques pieds du *Bambusa mitis*.

« J'en remis, dit-il, un exemplaire à M. Auzende, jardinier en chef de la ville de Toulon, mais qui n'osa le confier à la pleine terre que deux années après. Depuis le printemps 1862, le *Bambusa mitis*, occupe dans le Jardin de la ville, une bonne place dans une plate-bande à l'exposition sud, où il forme une puissante touffe de 1^{m},50 de diamètre, d'où s'élancent des tiges de 6 à 7 mètres de hauteur, ayant à leur base jusqu'à 15 centimètres de circonférence [1]. »

Au bout de deux années de culture, c'est-à-dire en 1862, époque où, comme nous venons de le voir, on se hasardait à Toulon à un premier essai en pleine terre, M. André Leroy obtenait des tiges d'une végétation luxuriante, et, à l'automne, il en fit parvenir une de 4 à 5 centimètres de circonférence à M. Lefuel, architecte du Louvre, en le priant de l'offrir de sa part à l'Empereur.

Le savant horticulteur, dont le nom jette tant d'éclat sur l'horticulture angevine, n'a pas seulement borné ses tentatives d'acclimatation au *Bambusa mitis*. A la même époque, il plantait les *Bambusa aurea* (Hort.), *falcata* (Hort.), *graminea* (Hort.), *matakay* (Sieb.), *nigra* (Lodd.), *scriptura* (Demp.), *verticillata* (Weld.), *gracilis* (Hort.). En 1862, M. André Leroy reçut encore d'Alger un nouveau bambou, le *Fortunei* (Hort.), qui, dans les fertiles terrains où il fut planté, végéta avec vigueur, sans toutefois, ainsi que ceux

[1] Bulletin de la Société d'acclimatation, octobre 1866.

que nous venons de citer, atteindre les grandes proportions du *Bambusa mitis*, le plus vigoureux de tous.

Le *Bambusa nigra*, se fait remarquer par un caractère tout particulier. Dès la seconde année de culture, ses tiges sont recouvertes d'un vernis noir très-prononcé. On peut se servir de ce bambou pour faire des manches de parapluie, d'ombrelle, de fouet, de tuyau de pipe, etc.

Toulon n'a cultivé le *Bambusa nigra*, que dans l'année 1864.

L'exemple hardi et heureux, donné par M. André Leroy, eut bientôt d'intelligents imitateurs. Ainsi, M. Jules Cloquet, cultive aujourd'hui le *Bambusa mitis*, dans sa propriété de Toulon; M. Lucy, receveur général de Marseille, l'a acclimaté dans cette contrée; M. Delusse, à Bordeaux; Lauzanne, en Bretagne; Levieux et de Ternissien, à Cherbourg ; le comte de Sinety, aux environs de Paris; et M. Joseph Lafosse, à Saint-Cosme-Dumont, près Carentan [1].

Il faut attendre et souvent attendre longtemps, lorsqu'il s'agit d'acclimatation; l'expérience seule peut décider si l'on doit se prononcer sur telle ou telle plante, comme devant à tout jamais prendre racine sur notre sol; tel gibier, nécessairement appelé à devenir l'hôte de nos forêts, tel animal, peupler nos parcs, tel oiseau, se reproduire en basse-cour, etc. [2].

[1] Dans le numéro de décembre du Bulletin de la Société impériale zoologique d'acclimatation, M. Quihou, jardinier chef du jardin d'acclimatation du bois de Boulogne, a publié un rapport sur les cultures faites dans cet établissement pendant l'année 1866.

Voici ce que nous lisons à la page 646.

Bambou comestible de Chine (*Bambusa?*) non déterminé botaniquement. — Graminées (Chine).

« Le Bambou a été envoyé de Chine par M. de Montigny, consul général de France. Il est à sa troisième année de végétation et n'a nullement souffert des hivers qu'il a traversés. Il est donc très probable qu'il réussira en plein air sous le climat de Paris, où il pourra nous rendre de grands services comme plante ornementale et probablement aussi comme plante industrielle. Nous allons le multiplier afin d'en propager la culture. »

[2] On a cru pendant quelque temps que l'importation en France du ver à soie de la Chine, le *Bombyx Yama-Maï* devait remplacer le ver à soie du mûrier *Bombyx mori*, ou tout au moins lui faire une rude concurrence. L'année 1866 a montré ce qu'on devait attendre de cette chenille, dont l'éducation en plein air, sur le chêne de nos forêts, semble aujourd'hui presque abandonnée.

Pendant plusieurs années, cinq ans, je crois, nous eûmes des hivers très-doux. L'*Accacia dealbata*, Link. (*Mimosa dealbata*), ce charmant arbre, l'ornement de nos parcs, fut confié à la pleine terre, il y réussit admirablement. J'ai vu des *Mimosa*, s'élever à plus de 10 mètres de hauteur ; aussi y eut-il un véritable engouement pour cette exotique légumineuse, dont l'élégant feuillage et la délicate fleur en grappe, présentent au mois de février l'ensemble le plus gracieux. Il n'y a pas de jardin, quelque exigu qu'il fût, qui ne contînt un *Mimosa*. La culture de cet arbre, d'une multiplication facile, produisit à nos horticulteurs de réels bénéfices. Mais hélas ! il a suffi d'un hiver rigoureux, pour détruire toutes les espérances qu'on avait fondées sur l'avenir de cette délicate plante, aujourd'hui confinée à tout jamais dans une orangerie. L'*Accacia dealbata*, peut supporter 6 degrés de basse température.

Quant au bambou, je crois qu'on peut lui assigner une place importante parmi les nouvelles plantes récemment introduites.

Les hivers de 1862, 1863, 1864, nous ont prouvé sa rusticité. En 1864, le thermomètre descendit à 14 degrés : aucune altération ne se fit sentir sur les bambous de la Croix-Moutaillé, tous conservèrent leur couleur verte intense, sans perdre une seule feuille.

Les nombreux essais, que nous venons de citer, ont généralement, sauf à Angers, été faits sur une petite échelle. Quelques personnes, pourraient objecter qu'en abritant l'hiver le bambou, en couvrant ses racines de feuillages, ainsi que cela se pratique pour les *Canna* [1], qui résistent dans notre climat aux froids les plus vifs, on pourrait conserver çà et là, des pieds isolés de ce bel arbre. Je ne regarderais point le résultat, obtenu de la sorte, comme le fruit d'une acclimatation sérieuse.

C'est en plein champ, sans abri, livrée à toutes les intempéries des saisons, qu'une plante doit être expérimentée ; et si elle résiste, c'est

[1] La première espèce de *Canna*, cultivée dans l'Anjou en pleine terre, fut celle du *Canna gigantea*, Edw. Aujourd'hui, toutes les espèces de *Canna* peuvent passer l'hiver, si on a soin de les couvrir soit de feuilles sèches, soit de fumier. Ces plantes, même par les hivers les plus rigoureux, se conservent mieux ainsi abritées, que dans les serres où souvent elles pourrissent.

seulement alors qu'on doit la considérer, comme devant appartenir à notre sol.

C'est de cette dernière manière qu'a procédé M. André Leroy, dans son magnifique jardin, le plus beau jardin particulier d'acclimatation de toute la France. Si nous ne craignions de sortir du cadre que nous impose cet article, nous donnerions la liste de toutes les plantes qu'il a acclimatées en Anjou, et notre nomenclature serait longue ; nous parlerions d'une autre belle graminée, originaire des Indes-Orientales, l'*Arundinaria falcata*, Nees, dont les tiges s'élèvent à plus de 3 mètres de hauteur; des palmiers (*Chamærops excelsa*, Thunb., et *humilis*, L.); de l'*Araucaria excelsa*, Ait.; du *Jubæa spectabilis*, H. B.; de l'olivier d'Europe (*Olea europea ferruginea*, Ait. ; *Cunninghami*, Steud.), etc., etc. Ce sera plus tard, pour nous, le sujet d'une nouvelle étude.

De toutes les espèces de bambou cultivées en Anjou, celle à laquelle on doit le plus s'attacher, est l'espèce de Montigny (*Bambusa mitis*). Cette plante, cultivée en grand, pourra fournir d'utiles ressources à l'industrie; les autres espèces sont purement ornementales, sauf le *Bambusa nigra*, dont nous avons signalé les avantages.

Dans les pays où le *Bambusa mitis*, croît spontanément, comme dans ceux où on le cultive, on tire un très-grand avantage de cet arbre. Ainsi, ses tiges, creuses et légères, sont cependant d'une très-grande solidité ; les plus grosses servent souvent de charpente pour la construction des édifices publics, ou des habitations particulières. On peut également en faire des vases, des seaux, ou d'autres ustensiles de ménage ; les tiges les plus faibles sont employées pour construire des palissades, des clôtures, des parois ou des cloisons dans les habitations. Enfin, avec les fibres qu'on en détache, on fait des nattes, des corbeilles, ou des paniers très-solides. A une certaine époque, il découle de leurs nœuds une liqueur douce, agréable et sucrée, susceptible de fermenter, et qui sert de boisson dans les pays où le bambou est abondant. L'établissement de M. André Leroy compte près de quatre mille pieds du *Bambusa mitis*. Chaque année, il en sort au moins un mille. De tous côtés, nos grands dessinateurs de parcs, font des demandes à Angers de cet arbre exotique, si bien acclimaté dans nos contrées.

J'ai vu, dans les cultures de la Croix-Montaillé, plus de trente bambous dont les buissons donnent 2 mètres de circonférence, et les tiges, 2 mètres 50 d'élévation.

La multiplication du *Bambusa mitis*, est des plus faciles. On peut la faire de deux manières : par le couchage des tiges aériennes qui dès la seconde année de leur marcottage, émettent des pousses aux entre-nœuds, ou bien encore en coupant par morceaux de 10 ou 15 centimètres de longueur les rhizomes, chacun d'eux produira rapidement une tige.

Le bambou de Montigny se développera mal dans un sol sec, mais dans celui qui vient d'être indiqué, il prendra une extension considérable.

Il faut planter le *Bambusa mitis*, au mois d'avril et l'arroser vigoureusement en juin.

Nous arrêtons ici notre étude sur le *Bambusa mitis ;* ce que nous venons d'en dire, doit suffire pour montrer les avantages que la culture doit retirer de cet arbre. Nous n'hésitons donc nullement à penser que, dans très-peu d'années, il sera répandu par toute la France.

La modicité de son prix commercial tend chaque jour à le vulgariser, et nous pouvons, dès aujourd'hui, ajouter à la flore de nos jardins de l'Anjou, si nombreuse en plantes de toute nature, un beau végétal de plus.

ÉTUDE

SUR

LES CHAMPIGNONS

DE MAINE-ET-LOIRE

Jusqu'à ce moment, aucune étude complète n'a été publiée sur les champignons de Maine-et-Loire.

Le premier ouvrage où l'on trouve une liste de ces cryptogames est celui de MM. Davy de la Roche et du Plessis [1]. Cette liste avait été dressée d'après l'herbier de Merlet de la Boulaye, qui renfermait cinq cents cryptogames environ : soixante-douze champignons sont indiqués dans ce travail. Dans la même année où parut l'ouvrage que nous citons, T. Bastard, professeur de botanique et directeur du Jardin des Plantes d'Angers, mit au jour son *Essai sur la flore du département de Maine-et-Loire*. Cet essai contient dans sa dernière partie la cryptogamie du département. Bastard donne seulement les noms des cryptogames, sans aucune description; le nombre des champignons observés par cet infatigable naturaliste s'élève à plus de deux cents.

[1] Herborisations dans le département de Maine-et-Loire, 1809.

Augustin-Nicaise Desvaux, directeur du Jardin botanique d'Angers, fit imprimer en 1827 sa *Flore d'Anjou*. Il s'est borné à décrire quelques espèces, et il est à regretter que Desvaux n'ait pas fait davantage, car c'était un des maîtres de la science qui ont le plus étudié les champignons, et c'est à lui qu'on doit la création de plusieurs genres.

Un autre maître, le docteur Guépin, consacra une grande partie de sa studieuse carrière à l'étude des cryptogames. Ne laissant rien au hasard, observant bien et consultant les naturalistes que sa modestie plaçait au-dessus de lui, il élaborait lentement le second volume de sa *Flore*, la mort ne lui a pas laissé achever son œuvre.

Il m'a été permis de profiter des notes de mon regretté professeur, de celui à qui je dois, ainsi qu'à M. Adrien de Jussieu, le peu que je sais en botanique. Imitant ce savant qui fut toujours mon guide, ce n'est qu'après de longues années, que je me risque à donner une étude sur les champignons appartenant à la sous-division *entobasides*. J'ai dû, pour arriver à un résultat, compulser tous les ouvrages que j'ai pu me procurer sur la mycologie. J'ai envoyé mon travail à M. le docteur Léveillé, en lui demandant ses bons conseils et me soumettant à ses doctes avis [1].

J'ai constaté, *de visu*, à tous âges, l'habitat des plantes que je décris. Je les ai analysées avec un soin minutieux, et si je n'ai pas eu la bonne fortune de découvrir de nouvelles espèces, chose fort rare de nos jours, j'ai eu du moins celle de signaler des particularités intéressantes, par exemple, les diverses colorations de la flamme au contact des spores des champignons.

Nous avons éprouvé jusqu'à présent de grandes difficultés dans

[1] Le docteur Léveillé est, sans contredit, le botaniste dont les études ont fait le plus progresser la Mycologie ; parmi ses travaux, nous citerons ses notices *sur les Cryptogames cellulaires et vasculaires*, *sur le Sclerotium*, *sur l'Hymenium des champignons*, *sur le développement des Uredinées*, ses *Remarques sur l'amadou*, etc. La science lui doit encore *l'Iconographie des champignons* de Paulet, recueil de 217 planches, dessinées d'après nature, gravées et coloriées, accompagnées d'un texte nouveau présentant la description des espèces figurées, leur synonymie, l'indication de leurs propriétés utiles ou vénéneuses, l'époque et les lieux où elles croissent.

nos études et nous sommes encore éloigné du but que nous voudrions atteindre, mais le plaisir de lire, bien imparfaitement il est vrai, quelques pages du grand livre du Créateur, nous a largement récompensé de nos peines.

ENTOBASIDES.

Basides situés dans le parenchyme même du réceptacle, ou dans des sporanges particuliers qui y sont renfermés.

TRIBU I. — CONIOGASTRES.

« Réceptacle globuleux, ovale ou allongé, membraneux, charnu, papyracé, nu ou enfermé dans une volve, sessile ou supporté par un pédicule qui le traverse en tout ou en partie sous forme d'un parenchyme spongieux, compacte ou mou, se réduisant en poussière et en filaments. Basides tétraspores, discrets, tapissant les vacuoles ou pressés les uns contre les autres. » — LÉVEILLÉ, *Dictionnaire universel d'histoire naturelle.*

PODAXINÉS.

Réceptacle allongé, traversé par un axe central.

STEMONITIS FERRUGINEA, Fries.
Trichia axifera, Bulliard.

Cette plante, qu'il faut étudier au microscope, croît sur les vieux bois et est assez rare : c'est dans nos grandes forêts que je l'ai trouvée.

CARACTÈRES. — A l'état jeune, ce champignon est blanc, sa forme est conique. En vieillissant, il devient cylindrique et de couleur rouge. Pédicule noir, traversant le réceptacle jusqu'au sommet, spores sortant de côté, et quelquefois par six endroits différents.

Je n'ai pu obtenir aucun résultat en les soumettant à l'action du feu : elles brûlent très-difficilement.

Stemonitis typhoïdes, de Candolle. Fries.

Trichia typhoïdes, Bulliard. — *Stemonitis typhina,* Persoon. — La Stemonite Massette.

J'ai récolté le *Stemonitis typhoïdes*, dans les mêmes localités que l'espèce précédente et dans la serre de M. Cachet, un des horticulteurs les plus distingués d'Angers.

Caractères. — Pédicule écrasé à la base, grêle au sommet, terminé par un réceptacle cylindrique d'un blanc de lait dans la jeunesse, puis roux, et enfin noir. Arrivé à cet état, il se rompt sur les côtés, en laissant quelques lambeaux de son écorce. Les spores sont brunes et peu inflammables.

Vu au microscope, ce champignon, parvenu à la fin de sa carrière, ressemble beaucoup au *Typha angustifolia*, L.

Diachea elegans, Fries.

Trichia leucopodia, Bulliard.

Cette espèce très-exigue, a été trouvée plusieurs fois par nous, aux environs d'Angers sur des bois de sureau.

Caractères. — Étudiée au microscope, cette plante présente un pédicule large à la base et se rétrécissant au sommet; le réceptacle a la forme d'une massue noire.

Bulliard, pl. 502, a donné le dessin des spores du *Diachea elegans*. Il m'a été impossible de faire aucune expérience sur ce minime champignon.

TYLOSTOMÉS.

Réceptacle globuleux, porté sur un pédicule cylindrique creux, s'ouvrant au sommet par un orifice à bords cartilagineux, le parenchyme est blanchâtre et se convertit en spores fines, entremêlées de filaments.

Tylostoma mammosum, Fries.

Lycoperdon pedunculatum, L.

J'ai remarqué bien des fois, dans les vallées de la Loire, sur les *carrées*, couvertes de chaume, qui servent aux paysans à s'abriter l'hiver pour broyer les lins et les chanvres, le *Tylostoma mammosum*.

Caractères. — Réceptacle blanc, porté sur un pédicule d'un centimètre de long environ. Lorsque la plante arrive à maturité, il se forme au sommet du réceptacle un petit trou, duquel s'échappent au moindre souffle du vent, des spores rougeâtres très-fines.

Ces spores s'enflamment, mais produisent une lueur faible.

GÉASTRÉS.

Réceptacle contenu dans une volve qui, à la maturité des champignons, se divise par le sommet en plusieurs lanières coriaces ou rayons qui s'étalent horizontalement à terre, ou se recourbent au-dessous et soulèvent la plante hors de terre.

Geaster hygrometricus, Pers.

Lycoperdon stellatum, L. — *Vesse-loup étoilée* (Flore française). — *Étoile de terre,* Paulet, Champignons, tab. 238.

Ce champignon est très-abondant à l'automne, dans les bois de l'Anjou. Je l'ai trouvé par groupes dans la futaie de Champ-d'Oiseau et dans les bois de Lassay, commune de Faveraye.

Caractères. — A l'état jeune, il a la forme d'une boule et reste sous le sol. Un peu plus tard, cette boule sort de terre, alors la volve est découpée en six ou sept portions égales, et, de son centre, s'élève le réceptacle qui s'ouvre à son tour pour laisser sortir les spores. Comme les lycoperdons, ils prennent aisément feu ; la flamme est blanche.

Le *Geaster hygrometricus* croît sous terre : c'est seulement après les pluies de l'automne qu'il se montre. Cette plante offre un hygromètre d'un effet aussi sûr qu'invariable, par la faculté qu'elle a de rapprocher les divisions de sa volve lorsqu'il fait sec, et, au contraire, de les étendre, lorsqu'il vient à pleuvoir, ou que l'atmosphère est chargée d'humidité.

GEASTER RUFESCENS, Persoon.
Lycoperdon stellatum, Bulliard.

Cette espèce, que Bulliard prend pour une variété du *Lycoperdon stellatum*, est assez rare en Anjou et croît dans les sapinières de Chaloché.

CARACTÈRES. — Volve rousse à six ou sept rayons, réceptacle sessile, orifice denté. Je n'ai constaté aucune différence dans la flamme que donnent les spores de ce *Geaster* et celles du *Geaster hygrometricus*.

D'après Desvaux, la plante qui nous occupe serait le *Geastrum castaneum*. Desv.

Les espèces de ce genre sont peu nombreuses et difficiles à caractériser. M. Desvaux a créé plusieurs espèces nouvelles; malheureusement, il n'a pu en donner des dessins. Cet éminent botaniste avait composé une magnifique collection de champignons destinée d'abord au Jardin des Plantes d'Angers. Qu'est-elle devenue après la mort de ce professeur? Je l'ignore. Il serait à désirer qu'on pût retrouver les champignons qui ont servi de types à ce savant, pour établir ses genres et ses espèces. Ainsi, d'après ses observations, Desvaux prétend que Bulliard et Persoon, ont confondu quatre espèces sous le nom de *Lycoperdon stellatum*.

GEASTER DUPLICATUS, Chevalier.
Lycoperdon stellatum, variété Bulliard.

Ce *Geaster* est assez rare. On le trouve à terre à l'automne dans les mêmes lieux que les *Geaster rufescens* et *hygrometricus*.

CARACTÈRES. — Beaucoup plus petit que le précédent. Orifice rond, volve lisse et très-dentée. Relativement à la flamme produite par ses spores, j'ai fait les mêmes observations que pour les autres *Geaster*.

LYCOPERDÉS

Réceptacle globuleux, cortex fugace, s'ouvrant à son sommet. Souvent sessile.

Le genre le plus curieux de la famille des lycoperdés est le genre lycoperdon. Ses principaux caractères consistent dans les réceptacles pédiculés, d'une forme ovoïde, composés d'une double membrane : l'extérieure charnue, verruqueuse ou tomenteuse et plus ou moins fugace, se détache en écailles; l'interne membraneuse et persistante se déchire lorsqu'elle arrive à sa maturité. Dans leur jeunesse, les lycoperdons sont d'une couleur blanchâtre ou grisâtre ; ils prennent une teinte plus foncée avec l'âge, croissent en général sur la terre dans les lieux stériles et découverts, les bois, et même quelquefois sur les vieux murs.

Pendant longtemps, il fut difficile de se reconnaître dans les divisions du genre lycoperdon. Tournefort, Linné et Adanson avaient introduit dans la classification de grandes confusions, ce fut Persoon qui eut le mérite d'opérer une heureuse réforme. Plusieurs botanistes distingués, entr'autres Desvaux, directeur du Cabinet d'histoire naturelle et du Jardin des Plantes d'Angers, ont cru devoir former aux dépens du *Geastrum*, les genres *Plecostoma* et *Myriostoma ;* le *Podaxis* (*Schweinitzia Greville*) du *Lycoperdon axatum*, Bosc, et le *Callostoma* aux dépens des *Scleroderma*.

LYCOPERDON PYRIFORME, Schæff., Duby, Fries.
Vesse-loup pyriforme.

Assez commun dans tous les bois du département, je ne l'ai jamais observé que sur des souches pourries. Août, septembre.

CARACTÈRES. — Forme de poire. Hauteur, 2 centimètres environ. Il est rempli d'une substance grisâtre ; les spores qu'il répand lorsqu'on le presse, s'enflamment moins rapidement que celles du SCLERODERMA VERRUCOSUM, mais l'expérience m'a prouvé que la lumière qu'elles produisent est identiquement la même.

LYCOPERDON GEMMATUM, Fries.

Lycoperdon lacunosum, Vaillant. — *Vesse-loup lacuneuse.*

Ce champignon est très-commun dans les bois de la Haye près Angers. Septembre.

CARACTÈRES. — Arrondi et convexe, porté sur un pédicule assez long et presque cylindrique. Surface blanchâtre couverte d'écailles perlées. Son diamètre est de 2 centimètres, sa hauteur de 3 environ. Les spores sont extrêmement fines et s'échappent à la plus légère pression, et très-facilement. Flamme d'un blanc pâle.

LYCOPERDON HYEMALE, Bulliard.

Vesse-loup d'hiver.

Fin de septembre : prairies des bords du Layon. Assez rare. Se conserve parfaitement pendant l'hiver ; ce n'est qu'au printemps qu'elle commence à se déformer. C'est à cette circonstance qu'elle doit son nom de vesse-loup d'hiver.

CARACTÈRES. — Réceptacle très-mince, pédicule tronqué à son extrémité inférieure. Dans son jeune âge, cette plante est parsemée de petites rugosités qui disparaissent lorsqu'elle arrive à l'état de maturité. Les spores qu'elle contient s'enflamment rapidement et produisent une flamme très-blanche.

LYCOPERDON HIRTUM, Bulliard.

Lycoperdon gemmatum, Fries. — *Vesse-loup hérissée.*

Ce lycoperdon est assez commun à l'automne dans toutes les prairies de l'Anjou, principalement dans celles des bords du Layon, de la Lys, de l'Aubance, de l'Hyrôme, de la Moine, etc.

CARACTÈRES. — Facile à reconnaître par sa forme ronde couverte de pointes, d'où lui est venu le nom de *hérissé.* En vieillissant, ce champignon de blanc devient brun, et de son sommet s'échappent des spores rougeâtres qui prennent feu à l'approche d'une bougie. La flamme est très-vive.

Bulliard (*Champignons de France,* t. VII, p. 340) prétend que dans beaucoup d'endroits on mange cette plante dans l'état de jeunesse. J'ai fait des expériences qui m'autorisent à penser, contrairement à l'avis du savant mycologue, que la *vesse-loup hérissée* n'est pas une substance inoffensive.

Lycoperdon cœlatum, Bulliard.

Lycoperdon bovista, Persoon. — *Lycoperdon gemmatum et areolatum*, Schœff. — *Vesse-loup ciselée.*

Commun dans tous nos bois à l'automne, principalement dans les forêts de Brissac, des Marchais, de Noizé, de Chandelais, de Monnoye, etc.

Caractères. — Réceptacle en forme de toupie arrondie, d'un blanc jaunâtre à l'état de jeunesse, brun en vieillissant, surface hérissée de pointes élargies à leur base et taillées à facettes.

Cette espèce a environ 5 centimètres de diamètre. Lorsqu'elle a émis ses spores, elle prend la forme d'une coupe.

On fait, avec cette plante, de l'amadou, en employant à cet effet la moitié inférieure du champignon, que l'on coupe par tranches très-minces; pour les rendre souples on les bat avec un marteau, et on les enfile dans une corde, afin de pouvoir les tremper deux ou trois fois dans une solution de poudre à canon et de farine. Les spores de ce champignon donnent une flamme éclatante.

Lycoperdon gossypinum, Bulliard.

La vesse-loup cotonneuse.

Ce petit champignon est excessivement rare. Je ne connais qu'une localité où il se rencontre : c'est dans la garenne de Noizé sur des souches pourries.

Caractères. — 2 millimètres de hauteur, forme d'une toupie. D'abord blanc, puis jaunâtre, surface cotonneuse. Croît toujours par groupes. Ses spores donnent une flamme très-faible.

LYCOPERDON PUSILLUM, Fries.

Lycoperdon cepæforme, Bulliard. — *La vesse-loup en oignon.*
Lycoperdon des bruyères.

Cette espèce est très-commune, surtout dans l'arrondissement de Baugé, les bruyères de Chaloché en sont remplies.

CARACTÈRES. — Globuleux, jeune ce champignon est très-blanc ; arrivé à l'état de maturité, la plante prend une couleur de terre. Racine petite et chevelue. Les spores de ce lycoperdon produisent une flamme très-vive et prennent feu rapidement.

LYCOPERDON PYRIFORME, Fries.

Lycoperdon ovoïdeum, Bulliard. — *La vesse-loup ovoïde.*

Commune dans les bois, quelquefois se rencontre dans les prairies. Cette espèce résiste au froid le plus intense et se conserve souvent jusqu'au printemps.

CARACTÈRES. — Forme d'une poire se rapprochant beaucoup de la poire appelée *Beurré Aurore,* sa surface est recouverte d'écailles très-fines ; radicules longues et fibreuses couleur de fumée claire. Ses spores donnent une très-belle flamme d'un blanc violacé.

LYCOPERDON GIGANTEUM, Fries.

Très-rare. On le trouve à la fin de l'automne dans la forêt de Chandelais et dans celle de Pommenard.

CARACTÈRES. — En globe presque sessile d'un blanc jaunâtre.

Cette vesse-loup, la plus grande de toutes celles que nous connaissons, atteint quelquefois $0^{m},64$ de diamètre. Sa chair, d'abord très-blanche, devient jaunâtre, puis grise ; enfin, elle se change en une poussière d'un bistre clair. Ce lycoperdon tient à terre par une racine très-fragile qui n'est guère plus grosse que le petit doigt. Aussi, il arrive fréquemment que lorsque le champignon a émis ses spores, le moindre souffle du vent le déracine et le fait rouler comme une boule.

« J'ai souvent vu des chiens de chasse, dit le botaniste Bulliard,

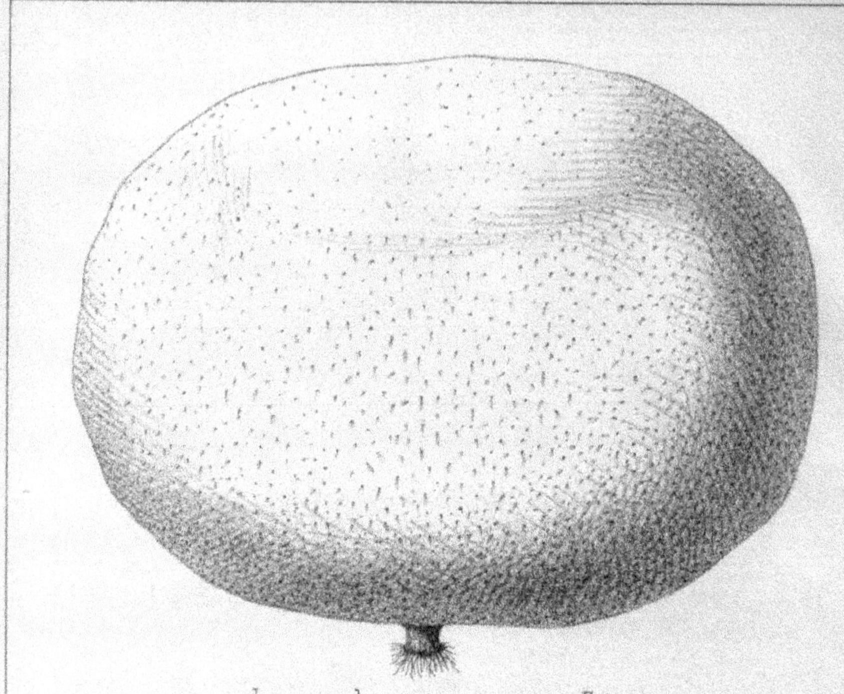

Lycoperdon giganteum. (*Fries*)

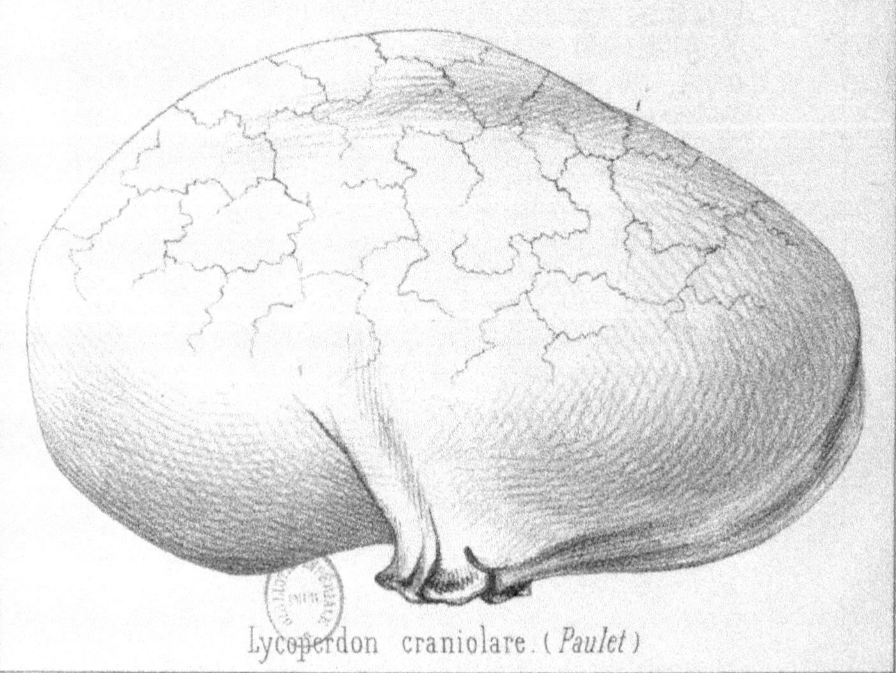

Lycoperdon craniolare. (*Paulet*)

Lith. P. Lachèse, Belleuvre et Dolbeau, à Angers.

courir après cette vesse-loup comme après un lièvre qui aurait débouché. »

Sa couleur roussâtre et la légèreté avec laquelle elle se meut, pour peu qu'il fasse de vent, rendent, en effet, cette illusion complète.

Le plus beau spécimen de *Lycoperdon giganteum*, Fries, que j'aie vu était celui dont se servait pour ses démonstrations, au Jardin des Plantes d'Angers, M. Augustin-Nicaise Desvaux, qui a contribué avec Persoon et plusieurs maîtres de la science à rendre moins confuses les divisions qui existaient dans ce genre difficile.

Les spores du *Lycoperdon giganteum* prennent feu avec une très-grande facilité : sa flamme est d'un rouge écarlate. On se sert de ce champignon pour faire de l'amadou.

A l'état jeune, on peut manger de cette espèce, mais dès qu'elle commence à prendre une teinte grise, il y aurait, je crois, inconvénient à en faire un usage alimentaire.

LYCOPERDON CRANIOLARE, Paulet.

Vesse-de-loup tête d'homme ou le crâne.

Le 23 mai 1866, notre collègue, le docteur Farge, recueillit au pied d'un poirier dans la prairie de l'île Gloriette, commune des Ponts-de-Cé, un magnifique lycoperdon pesant 1,200 grammes et d'une circonférence de $0^{m},76$. Sachant que je me livrais depuis longues années à l'étude des champignons, M. le docteur Farge eut la complaisance de me remettre cette curieuse plante que je n'avais jamais rencontrée dans mes nombreuses herborisations. Après un examen attentif, je reconnus que j'avais devant les yeux le *Lycoperdon craniolare* de Paulet.

Cette espèce, très rare, qu'on a confondue à tort avec le *Lycoperdon giganteum*, Fries, en diffère complétement par son port et par tout son ensemble. Fortement attachée au sol, elle n'est point comme le *Lycoperdon giganteum* sujette à être déracinée dans les jours de tempête.

Le *Lycoperdon craniolare* était connu de Théophraste qui le désigne sous le nom de *cranium*. Le premier aspect de ce champignon est effrayant : on croit voir sortir de terre une tête blanche, chauve, sur la surface de laquelle rampent comme des veines ramifiées qui disparaissent lorsque le champignon arrive à l'état de vieillesse. Cette plante a exactement la forme d'une tête d'homme : son contour est un ovale un peu aplati latéralement, et une de ses extrémités est plus grosse que l'autre. Son parenchyme est blanc, d'un tissu égal et ferme, et n'est ni d'un goût ni d'une odeur désagréable. Paulet prétend que le *Lycoperdon craniolare* peut être donné comme nourriture aux animaux.

J'ai entendu bien des fois raconter l'anecdote suivante : Un messager de Thouarcé, nommé Dandé (c'était, je crois, en l'année 1820), traversait, une nuit, avec son cheval chargé de bagages, la forêt de Brissac. Arrivé à un carrefour, il crut apercevoir au pied d'un arbre une tête de mort. Effrayé, notre homme se sauva à toutes jambes et ne voulut jamais repasser en cet endroit. S'il eût été plus brave, il fût revenu le lendemain, en plein jour, sur ses pas. Je ne doute pas, un seul instant, qu'il n'eût constaté l'habitat des champignons de l'espèce qui nous occupe.

Le *Lycoperdon craniolare*, est la plus grosse espèce des champignons de l'Anjou. Il croît en Ukraine un lycoperdon très-remarquable et qui a beaucoup de rapport avec le *craniolare*, mais dont les dimensions sont plus grandes, nous voulons parler du *Lycoperdon horrendum*, trouvé par M. Czerniaiew. Le diamètre de ce champignon dépasse quelquefois un mètre.

« Ce champignon, dit-il, peut effectivement effrayer dans une « forêt sombre, où tout d'un coup on croit apercevoir un fantôme « courbé, en robe blanche ou brunâtre. »

Lycoperdon excipuliforme, Schœff.

Lycoperdon gemmatum, Fries. Variété. — *Vesse-loup excipuliforme,* Bulliard. — *Lycoperdon en forme de matras.*

Dans tous les bois de l'Anjou, à l'automne, sur la terre.

Caractères. — Réceptacle globuleux garni de verrues. Pédicule long, renflé à la base, étranglé au sommet. Spores grisâtres donnant une flamme assez faible.

Bovista plumbea, Fries.

Lycoperdon ardosiaceum, Bulliard. — *Vesse-de-loup ardoise.*

Octobre : parc de Chanzeaux, sur des branches d'aulnes mortes.

Caractères. — Diamètre de 2 centimètres. Forme globuleuse, de couleur d'ardoise. Son écorce est très-fine et ses spores s'enflamment facilement et produisent une lumière rougeâtre.

Bovista utriformis, Fries.

Lycoperdon utriforme, Bulliard. — La *Vesse-loup utriforme.*

Bois d'Avrillé, où il est commun.

Caractères. — En forme d'outre, presque aussi gros du haut que du bas. Ce champignon est dur et résiste à la pression du doigt; ses spores grisâtres donnent une belle flamme blanche.

Lycogala epidendrum, Fries.

Lycoperdon epidendrum, Linné.

Cette espèce est une des plus communes de Maine-et-Loire, on la trouve sur tous les bois morts; jamais je ne l'ai remarquée sur du bois vert.

Caractères. — Réceptacle sphérique, sessile, s'ouvrant irrégulièrement au sommet. Parenchyme d'abord aqueux, puis cotonneux, formé de filets très-fins; spores attachées le long des filaments.

Cette plante, quant à sa couleur, varie beaucoup; ainsi je l'ai vue rouge, jaune, brune, noire, et même blanche. Je n'ai jamais pu enflammer les semences du *Lycogola epidendrum.*

SCLÉRODERMÉS.

Ce genre est caractérisé par un réceptacle globuleux, et presque subéreux, sa surface est lisse ou recouverte d'écailles fixes et s'ouvre irrégulièrement pour laisser échapper les spores. Pédicule gros, court et fixé par un *Mycelium* épais et radiciforme. Spores d'abord rassemblées en amas, puis retenues par des fibrilles entrelacées.

Scleroderma verrucosum, Pers.

Lycoperdon verrucosum, Vaillant. — *Vesse-loup commune*, *Flore française*.

Très-commun dans les forêts de Brissac, des Marchais, de Beaulieu, les bois de la Guinaise, commune de Chavagnes-les-Eaux, la forêt de Longuenée, au pont Barré. C'est surtout pendant l'automne qu'on le trouve abondamment.

Caractères. — Pédicule plissé au collet. Ce champignon est chargé de verrues et rempli d'une substance d'un bleu ardoisé; arrivé à sa maturité, il s'ouvre au sommet et laisse échapper des spores noirâtres. Il m'est arrivé plusieurs fois de le presser et d'approcher un flambeau au moment où elles s'échappaient; immédiatement elles s'enflammaient en produisant une lumière blanche.

Scleroderma vulgare, Fries.

Lycoperdon aurantium, L. — *Vesse-loup orangée*.

Septembre et octobre : prairies de Mûrs, de Mozé, de Denée, de Thouarcé, de Faye, Martigné-Briant, etc.

Caractères. — D'un jaune orangé; peau couverte de petits boutons. Lorsque ce champignon répand ses spores, au lieu de partir du centre, c'est par de petites ouvertures de côté qu'elles s'échappent; ce qui fait que cette plante se conserve longtemps sans perdre sa forme primitive.

Les spores de ce champignon, lorsqu'elles prennent feu, donnent une lumière d'un blanc argentin.

RÉTICULARIÉS.

Réceptacle rond, mou, à l'état de jeunesse, puis pulvérulent.

Reticularia carnosa, Bulliard.

Réticulaire charnue.

Pendant toute l'année, on trouve dans nos bois, sur la terre, la réticulaire, et quelquefois sur la mousse.

Caractères. — Molasse dans sa jeunesse; en vieillissant elle se durcit et devient friable après la dessiccation; spores fines, retenues dans l'intérieur de la plante par un réseau chevelu. Arrivé à l'extrême vieillesse, le réseau disparaît complétement, comme on peut le voir sur la planche 424, figurée par Bulliard. J'ai obtenu, en faisant brûler les spores de ce champignon, une flamme rouge.

Reticularia umbrina, Friès.

Ce champignon se développe surtout sur le bouleau (Mûrs, Érigné, parc de M. Guillier de la Tousche).

Caractères. — La *Reticularia umbrina* ressemble assez à une petite pomme de terre; elle est de couleur grise, parsemée de blanc; son orifice est un peu renflé. Ses spores sont abondantes et donnent une flamme d'un rouge vif.

Æthalium flavum, Fries.

Reticularia lutea, Bulliard.

C'est surtout au printemps qu'on rencontre sur les feuilles mortes ce champignon.

Caractères. — Cet *Æthalium*, qu'on ne peut bien étudier qu'au microscope, *ressemble tellement à de l'écume*, dit Bulliard, *que l'on ne croirait jamais que ce soit une plante si on la laisse dessécher à l'air libre.*

Dès qu'on touche à l'*Æthalium flavum*, il se réduit immédiatement en poussière brune très-abondante, qui donne une flamme bleuâtre.

SPUMARIÉS.

Substance spongieuse composée d'un tissu floconneux cellulaire.

Spumaria alba, Fries.

Reticularia alba, Bulliard.

Très-commun à l'automne, sur les feuilles mortes des bois.

Caractères. — Substance molasse, blanche, semblable à de l'écume, se réduisant en poudre après la dessiccation, et laissant à nu ses tuyaux. Le réceptacle s'ouvre par le centre et présente des plis nombreux, de couleur bleuâtre, semblables à des étuis qui contiennent des spores noires.

Cette plante est en partie fluide dans son premier âge, puis elle se solidifie et devient membraneuse, ensuite fragile.

Ses spores donnent une lumière blanche lorsqu'elles sont enflammées.

PHYSARÉS.

Réceptacle globuleux évasé, axe central nul; filaments fixés vers la base interne, spores agglomérées.

PHYSARUM ANTIADES, Fries.
Sphærocarpus antiades, Bulliard.

Dans la forêt de Longuenée, au bois de la Haye, et dans les taillis sur les vieilles souches.

CARACTÈRES. — Le pédicule supporte rarement un seul individu, généralement c'est deux ou trois; le toupet est blanc; quant aux spores, elles sont noirâtres et produisent une flamme brune.

PHYSARUM VIRIDE, Persoon.
Sphærocarpus viridis, Bulliard.

Cette plante est tellement commune sur les souches pourries, que nous ne lui assignerons aucune localité.

CARACTÈRES. — D'une couleur d'un vert tendre, émet des spores noires qui donnent une lumière blanche très-faible; cette espèce renferme plusieurs variétés.

PHYSARUM LUTEUM, Fries.
Sphærocarpus luteus, Bulliard.

J'ai trouvé une seule fois le *physarum luteum*, dans la forêt de Longuenée.

CARACTÈRES. — D'un blanc argenté, réseau chevelu, jaune; spores brunes. Ces spores, lorsqu'elles sont enflammées, donnent une lumière blanche très-faible.

PHYSARUM NUTANS, Persoon.

Sphærocarpus albus, Bulliard.

Il faut un œil très-exercé pour trouver cette microscopique espèce, assez commune du reste dans nos bois; elle croît après les grandes pluies, et se développe quelquefois sur les mousses.

CARACTÈRES. — Se distingue de la précédente par son réseau noir; spores brunes. Lorsqu'elles prennent feu, ce qui arrive assez difficilement, la flamme est légèrement blanche.

PHYSARUM UTRICULARIS, Fries.

Sphærocarpus utricularis, Bulliard.

Au printemps, cette plante se développe sur l'écorce des vieux chênes, des ormes, etc. Assez rare. Echarbot, bois de la Haye, la Membrolle.

CARACTÈRES. — Réceptacle supporté par un pédicule jaunâtre. Le *physarum utricularis* a la forme d'un œuf; il est transparent, le sommet est blanc et la base qui renferme ses spores, noire. Ces spores sont très-épaisses, et s'échappent par un des côtés. Il m'a été impossible d'obtenir aucune lumière des spores du *physarum utricularis.*

PHYSARUM CAPSULIFER, Fries.

Sphærocarpus capsulifer, Bulliard. — *Physarum capsulifère.*

Ce joli champignon est assez rare, je l'ai trouvé plusieurs fois sur de vieilles souches, dans la forêt de Beaulieu.

CARACTÈRES. — Rond, presque sessile. Ce champignon change trois fois de couleur; jeune, il est d'un bleu noirâtre, un peu plus tard sa couleur s'éclaircit et devient bleu d'ardoise; enfin à l'état de vieillesse, le *physarum* est tout gris. C'est alors que la plante s'ouvre au sommet pour laisser passage à des spores noires, qui, broyées, donnent une poussière qui s'enflamme difficilement.

PHYSARUM STRIATUM, Fries.

Sphærocarpus aurantius, Bulliard.

Sur les écorces de vieux chênes, Beaulieu, Rablay, Gonnord, le Champ, Joué; commun sur toute la côte du Layon.

Caractères. — Étudié au microscope le *physarum striatum*, présente un pédicule noir et strié, en forme de massue à sa base. Son réceptacle est d'un jaune orange. A l'état de maturité l'écorce se rompt et le champignon a une grande analogie avec un globe terrestre. A l'époque de l'émission des spores, le globe se déchire en entier et il ne reste plus de la plante que le pédicule.

Ces petits champignons croissent toujours en assez grand nombre, sur le même tronc d'arbre, j'en ai compté jusqu'à quatre-vingts. L'exiguité de ce cryptogame nécessite une grande réunion de *physarium striatum* afin d'expérimenter les spores qui, du reste, donnent une lueur très-faible.

Didymium farinaceum, Fries.

Reticularia nigra, Bulliard.

J'ai rencontré bien des fois dans mes herborisations, le *didymium farinaceum* sur des saules dont le bois était mort, sur des peupliers, des aulnes, des bouleaux, etc.

Caractères. — Lorsque cette plante se développe, elle est mucilagineuse, puis grise, et, en vieillissant, noire ; ses spores sont très-abondantes et brûlent facilement. Flamme blanche.

Craterium minutum, Fries.

Sphærocarpus turbinatus, Bulliard.

Cette plante végète généralement sur les feuilles sèches ; je l'ai quelquefois rencontrée sur des bois morts.

Caractères. — Croît par groupe de vingt à trente, sa forme est celle d'un verre à liqueur ; le pédicule est noir et le corps du champignon jaune. Pour l'émission de ses spores qui sont noires, le *craterium minutum* s'ouvre dans toute la longueur. La flamme produite par la poussière de ce champignon est argentine. Cette espèce étant très-petite, pour analyser ses spores, on est obligé, comme nous l'avons fait pour le *physarum striatum*, d'avoir recours à un très-grand nombre d'individus.

Diderma floriforme, Fries.
Sphærocarpus floriformis, Bulliard.

Nous ne donnerons aucune des localités où croît cette plante, car il faudrait citer en entier les communes du département. On peut la trouver pendant toute l'année.

Caractères. — Il est une observation très-curieuse à faire sur ce champignon. Jeune, son pédicule est surmonté d'un réceptacle sphérique; arrivé à maturité, époque où les spores tendent à s'échapper, le *diderma floriforme* prend la forme d'une fleur. Comme son nom l'indique, le réceptacle de rond devient ovale, et se trouve placé au centre d'une enveloppe membraneuse, découpée en huit lobes. Flamme argentine.

Diderma stipitatum, Fries.
Reticularia stipitata, Bulliard.

Comme l'espèce précédente, cette plante est extrêmement commune et croît en toute saison.

Caractères. — On pourrait appeler ce *diderma, diderma tricolor,* car il change trois fois de couleur; d'abord il est blanc, puis orange, ensuite noir; ses pédicules rameux portent à leurs extrémités des individus d'âges différents, de sorte que la plante vit ainsi plusieurs années. Ses spores produisent une flamme blanche.

Diderma spumarioides, Fries.
Reticularia hortensis, Bulliard. — *Fuligo vaporina,* Persoon.

J'ai observé, en assez grande quantité, ce champignon, à Angers, dans la grande serre de l'horticulteur Fargeton; on le rencontre quelquefois sur la terre, sur de vieux bois. Il est assez rare.

Caractères. — Cette plante, d'une consistance gélatineuse, un peu gluante, ressemble à de l'écume; mais en vieillissant elle rougit et devient tellement friable, qu'il est impossible de la toucher sans la briser. Ses spores, brunes, soumises à l'action du feu, donnent une faible lumière.

Diderma globoliferus, Fries.
Sphærocarpus globoliferus, Bulliard.

Généralement, ce diderma se développe sur de petits rameaux morts; il est assez commun au bois de la Haye.

Caractères. — Ce champignon, vu son exiguité, ne peut être étudié qu'au microscope. A l'état jeune, le réceptacle du *diderma globuliferus* est blanc; dans un âge avancé, il devient brun. Bulliard (Champignons de la France), donne une excellente description du *diderma globuliferus* qu'il appelle *sphærocarpus globuliferus* (description dont j'ai constaté par expérience l'exactitude), lorsqu'il dit que son réceptacle se fendille, se détache par lambeaux et laisse à nu un réseau fibreux, auquel sont insérées les spores de couleur brune. Ces spores sont contenues dans de petites vésicules d'abord jaunes, puis blanches; elles persistent après leur dispersion, s'échappent de côté et donnent une flamme violacée.

TRICHIACÉS.

Les plantes qui appartiennent à cette section sont caractérisees par leur fructification, qui consiste en de petits réceptacles arrondis ou oblongs, pédiculés ou sessiles, qui s'ouvrent par le sommet en se déchirant en lambeaux et mettent au jour des filaments tortillés qu prennent naissance à la base ou sur les parois des réceptacles, et offrent éparses à leur surface, une multitude de spores qui ressemblent à de la poussière.

Trichia coccinea, Fries.
Sphærocarpus coccineus, Bulliard.

Ce champignon se montre dès le commencement du printemps jusqu'à l'automne; il est très-commun sur les vieilles souches; on le rencontre à peu près partout en Anjou.

Caractères. — Réceptacle sphérique, l'extérieur est d'un rouge vif, l'intérieur est formé d'un réseau à mailles fines qui renferme les spores; elles ne peuvent s'échapper que lorsque le réseau est rompu.

La *trichia coccinea* s'ouvre de côté comme une boîte, et c'est alors que sortent les spores qui, enflammées, donnent une charmante lumière du rouge le plus vif.

TRICHIA FALLAX, Persoon.

Sphærocarpus ficoides, Bulliard. — *Capilline trompeuse*.

Sur les troncs d'arbres morts. Mouliherne, Pontigné, Linières-Bouton, Faye, Saint-Pierre-Montlimart, Bécon, etc.

CARACTÈRES. — D'un brun noir, simple, stipité, turbiné. Les spores noires sortent de côté et ne produisent aucune lumière, lorsqu'elles sont soumises à l'action du feu. Quand l'émission a eu lieu, cette capilline a la forme d'un gobelet.

TRICHIA NIGRIPES, Persoon.

Sphærocarpus piriformis, Bulliard. — *Capilline nigripede*.

Pontigné, forêts de Chandelais, de Pommenard, Linières-Bouton, dans tout l'arrondissement de Baugé.

CARACTÈRES. — Turbiné, jaune, pédicule court, noir ; les spores jaunes, sortent par deux petits trous qui se font lorsque le champignon est mûr, au sommet de la plante. Cette espèce qui végète toujours par groupes de deux à dix individus, croît sur le tronc des arbres. La flamme des spores est jaunâtre.

TRICHIA CHRYSOSPERMA, Fries.

Capilline chrysosperme.

Dans tous les bois, sur les vieux arbres.

CARACTÈRES. — Jaune orange, pédicule court, souvent sessile, croît par groupes. Après l'émission des spores, qui produisent en brûlant une flamme blanchâtre, la plante entièrement déchirée, meurt.

ARCYRIA CINEREA, Fries.

Trichia cinerea, Bulliard.

Bords des rivières d'Evre et de la Verzée. Bois de la Haye, sur le bouleau.

Caractères. — Jeune, l'*Arcyria cinerea* est d'un blanc diaphane; dans son entier développement elle est rougeâtre. Lorsque les spores sont échappées, ce champignon a la forme d'une coupe.

Malgré ses faibles dimensions, j'ai pu cependant soumettre les spores à l'action du feu, elles donnent une lumière jaunâtre ; mais, pour obtenir un résultat, il faut expérimenter sur un très-grand nombre de ces champignons.

Arcyria leucopoda, Fries.

Trichia nutans, Bulliard.

Même localité que la précédente.

Caractères. — L'*Arcyria leucopoda,* a la forme dans son premier âge d'un œuf; puis la plante s'allonge et ressemble à un cigare ; enfin, ne se soutenant plus sur son pédicule, elle tombe à terre. Ce champignon, qui croît toujours en groupe, à l'aspect d'une fleur de couleur jaune.

Les observations que j'ai présentées sur la poussière de l'*Arcyria cinerea,* s'appliquent à l'*Arcyria leucopoda* et à l'espèce suivante, l'*Arcyria punicea.*

Arcyria punicea, Fries.

Trichia cinnabarina, Bulliard.

Commun sur les vieux bois ; bords de l'Aubance, de l'Arcison, de la Lys, du Layon et du ruisseau de Saint-Aubin.

Caractères. — Jeune, la plante est très-blanche et ronde ; plus tard elle s'amincit, devient rouge. Dans cet état, si on l'examine au microscope, on croît voir une botte de radis. Lorsque ses spores sont émises, le champignon est entièrement détruit, sauf sa base qu'on pourrait prendre pour une cupule de chêne.

CRIBRARIÉS.

Réceptacle presque globuleux d'abord, plus tard sa partie supérieure se change en un amas floconneux, dont les filaments forment les nervures de la partie inférieure et contiennent dans les mailles de petits amas de spores.

Dictydium trichioides, Fries.

Sphærocarpus trichioides, Bulliard.

Ce champignon, qu'on ne peut étudier qu'à la loupe, croît dans le parc de Chanzeaux, dans celui de Saint-Jean-des-Mauvrets, et dans les forêts de Brissac, des Marchais, de Noizé, de Beaulieu, etc.

Caractères. — Réceptacle entièrement sphérique, d'une couleur rose. Lorsque l'émission des spores se fait sentir, le champignon commence à perdre sa forme, et quand elle est entièrement terminée, la plante se dessèche et meurt. Flamme d'un rouge pâle.

Cribraria vulgaris, Fries.

Sphærocarpus semitrichiodes, Bulliard. — *Cribraria à demi-grillage.*

Dans le parc de Chanzeaux, j'ai recueilli, sur de vieilles souches d'aulnes, le *Cribraria vulgaris.*

Caractères. — Cette plante est remarquable en ce que la moitié de son réceptacle est grillé, tandis que le reste est plein; son pédicule est noirâtre et strié. Les spores de ce champignon donnent une flamme jaunâtre.

LICÉS.

Réceptacle libre arrondi, s'ouvrant irrégulièrement au sommet; spores privées de filaments.

Licea fragiformis, Fries.

Sphærocarpus fragiformis, Bulliard. — *Licea en forme de fraise.*

Dans tous les bois de l'Anjou.

Caractères. — Jeune, on trouve cette plante sur des vieilles souches, formant des groupes d'un rouge vif qui ont beaucoup de rapport avec des grappes de fraises. La plante, arrivée à l'âge mûr, change complétement et alors elle présente de petits cornets d'une couleur brune, du centre desquels partent les spores, qui sont abondantes. Flamme rougeâtre.

LICEA SPHÆROCARPA, Fries.

Sphærocarpus cylindricus, Bulliard. — *La licea cylindrique.*

Je n'ai jamais observé cette espèce que sur les bois pourris du tilleul et du hêtre. Jardin du Mail d'Angers, parc de Beaupréau, Villedieu-la-Blouère.

CARACTÈRES. — Forme cylindrique, d'une couleur rougeâtre à l'état jeune, foncée en vieillissant. Ses spores sont renfermées dans une gaîne membraneuse; la flamme qu'elles donnent est d'un rouge vif; elles s'enflamment rapidement.

PHERICHÆNA SESSILIS, Fries.

Sphærocarpus sessilis, Bulliard.

Il n'est pas rare de rencontrer ce champignon dans les forêts des Marchais, de Beaulieu et de Brissac, sur le bois mort encore recouvert de son écorce.

CARACTÈRES. — Croît en groupes; ces groupes ressemblent à des œufs d'insectes, surtout à ceux des fourmis. Réceptacle sessile, rond, s'ouvre comme une boîte à charnière. Spores d'un beau jaune. Leur flamme est assez vive.

Nous arrêterons ici notre étude, comptant prochainement la reprendre lorsque nous aurons terminé une suite d'expériences commencées déjà depuis plusieurs années.

(Extrait des Annales de la Société Linnéenne de Maine-et-Loire, tome IX).

ANGERS, IMPRIMERIE P. LACHÈSE, BELLEUVRE ET DOLBEAU.

www.ingramcontent.com/pod-product-compliance
Ingram Content Group UK Ltd.
Pitfield, Milton Keynes, MK11 3LW, UK
UKHW022137170726
13837UKWH00004B/1615

9 782329 261423